20 WETTER-REGELN, DIE MAN KENNEN MUSS

Servus

Das kleine Buch

Andreas Jäger

20 WETTER-REGELN, DIE MAN KENNEN MUSS

INHALT

DER BLICK ZUM HIMMEL

Verlieren wir unseren angeborenen Wetterinstinkt? Ein schneller Blick auf das Smartphone und wir glauben zu wissen, wie das Wetter morgen wird – oder gar in einer Woche. Und es hat sich dank Computerberechnungen in den vergangenen 20 Jahren tatsächlich enorm viel getan. Trotzdem liegen die Berechnungen der Computer immer wieder dramatisch daneben, gerade in unseren zerklüfteten Alpentälern. Dabei hätte ein Blick zum Himmel vor dem nahenden Wolkenbruch gewarnt. Der Himmel schickt seine Wetterzeichen voraus, man muss sie nur lesen können.

Wetter lesen zu können war früher eine Frage des Überlebens. Ein Bauer, der das ABC des Wetters nicht beherrschte, drohte im Winter zu verhungern. Drei Tage Sonne ohne Regen musste er vorhersehen können, nur dann konnte er das Heu trocken in den Stall einbringen und die Kühe – und damit seine Familie – durch den langen Winter bringen.

Heute hat sich die Bedeutung des Wetterlesens zusehends in die Freizeit verlagert. Es gibt immer mehr Menschen, für die es wichtig ist, Wetter lesen zu können – manchmal sogar lebenswichtig. Wer in 2000 Meter Höhe an dünnen Nylonseilen unter einem Paragleiter hängt, sollte keinen Föhnrotor übersehen; wer mit dem Boot auf einem See unterwegs ist, sollte einen aufziehenden Gewittersturm kommen sehen. Smartphones mit Wetterapp sind in solchen Momenten zu wenig.

Aber zum Glück gibt es Profis, die das Wetter immer noch sehen, riechen und schmecken können – Bergführer wie Herbert Raffalt zum Beispiel. Gerade in den Bergen kann durch einen Wettersturz eine harmlose Wanderung innerhalb von Minuten lebensgefährlich werden. Ein Bergführer bringt die ihm anvertrauten Menschen nur dann sicher auf den Berg und wieder zurück, wenn er das Wetter und seine Zeichen erkennen kann. Von diesen Profis, die täglich draußen sind, kann man viel lernen – und es ist gar nicht so schwer: Hören wir ihnen einfach nur zu!

Für dieses Buch haben sich zwei solche Wetterleser zusammengetan: ein Meteorologe, der Ihnen die Wetterzeichen wissenschaftlich erklärt, und ein Bergführer, der daraus die notwendigen praktischen Tipps ableitet. Damit Sie wettermäßig immer auf der sicheren Seite sind!

Ihr Andreas Jäger

WOLKENTÜRME – EINE WARNUNG

Manchmal kann es am Himmel ganz schnell gehen. Innerhalb von nur 5 bis 20 Minuten bauschen sich aus dünnen Wolkenfetzen blumenkohlartige Wolken auf, die vorher nicht da waren.

PLAN B WICHTIG

Solche Wolken muss man im Auge behalten. Sie können sich innerhalb kürzester Zeit zu heftigen Gewittern entwickeln. Für Herbert Raffalt ist dann ein Plan B für den Rückzug mit seiner Gruppe das Um und Auf: „Sichere Ziele müssen überschaubar in einer halben Stunde erreichbar sein! Die Tour muss aber nicht abgebrochen werden, da selbst bei einer Entladung das Gewitter vorüberzieht und die Bergtour fortgesetzt werden kann."

HIMMEL MACHT AUF UND ZU

Natürlich wird nicht aus jeder Wolke, die sich auftürmt, ein krachendes Gewitter. Manchmal schießen Wolken nach oben, um 5 Minuten später wieder in sich zusammenzufallen. Kurze Zeit danach probieren es wieder andere Wolken. Typischerweise beobachtet man an solchen Tagen, wie der Himmel auf und zu geht und sich höchstens kurze Regenschauer lösen. In diesem Fall machen sich die Wolken selbst das Leben schwer: Zuerst scheint die Sonne auf den Boden und dieser erwärmt die Luft. Warmluftblasen lösen sich vom Boden, steigen auf und eine immer größere Wolke bildet sich. Der Schatten der Wolke kühlt nun aber den Boden und der Nachschub an warmer Luft von unten versiegt. Die Wolke fällt in sich zusammen.

FEDERWOLKEN – BLICK IN DIE FERNE

Manchmal entdeckt man fedrige Wölkchen am ansonsten blauen Himmel und spürt instinktiv – da besteht keine Gefahr. Für Herbert Raffalt sind diese oft gebogenen Federwolken sogar ein sehr gutes Wetterzeichen: „Da passiert noch lange nichts, das wird ein Tag mit ausgezeichnetem Berg- und Fotowetter!" Der aktuelle Tag ist also gesichert. Aber die Federwolken verraten auch, wie das Wetter morgen und übermorgen wird.

FASERIGE EISWOLKEN

Diese sogenannten Cirruswolken sind in weit über 5000 Meter Höhe zu Hause. Wasser kommt dort oben fast nur mehr gefroren vor und daher bestehen Federwolken aus kleinen Eispartikeln, die ihnen das faserige, luftige Aussehen verleihen. Ihre gezogenen, schlierigen Formen erhalten sie jedoch über den Wind, und der verrät viel über das Wetter.

SCHLECHTWETTER NAHT

Oft sieht man die hohen Federwolken in eine andere Richtung driften als die tieferen Haufenwolken. Stellt man sich jetzt mit dem Rücken zum Wind, gilt Folgendes: Schlechtes Wetter kommt auf, wenn die hohen Federwolken den Weg der tieferen Haufenwolken von links nach rechts kreuzen. In diesem Fall nähert sich ein Tiefdruckgebiet mit seinem Frontensystem.

KEINE GEFAHR

Kreuzen die hohen Federwolken die Zugrichtung der tieferen Wolken allerdings von rechts nach links, also umgekehrt, zieht das Tief mit dem schlechten Wetter ab. Das Wetter wird besser.

HALO – BALD SCHLÄGT DAS WETTER UM

Halos sind helle Ringe um Sonne oder Mond. Sie sind Wetterzeichen, die ein Bergführer sehr ernst nimmt. Herbert Raffalt erinnert sich an eine Bergtour in Nepal: „Wir sahen im Basislager einen Halo am Nachmittagshimmel und mir war klar, das Wetter würde in den kommenden 24 Stunden umschlagen. Ich entschied mich, die Zeit für einen raschen Gipfelgang zu nutzen. Noch vor dem Wetterumschwung, der dann mit Sturm und Schneefall kam."

IN 24 STUNDEN SCHLECHTWETTER

Halos entstehen, wenn Licht auf Eiskristalle trifft. Typischerweise sind es Cirruswolken in eisigen Höhen zwischen 5000 und 13.000 Meter, an denen sich die Sonne oder der Mond zu einem kreisrunden Halo bricht. Ein milchiger, dünner Schleier aus Eiskristallen zieht dann über den Himmel, mit freiem Auge kaum wahrnehmbar. Und oft haben solche Cirruswolken am Boden eine Warmfront im Schlepptau, an der wiederum ein ganzes Tief mit Schlechtwetter hängt. Aber man hat noch Zeit: Vom Halo bis zum Wetterumschwung vergehen ein bis zwei Tage.

VORSICHT FEHLPROGNOSE

Aber ein Halo bedeutet noch nicht zwingend Regen: Ein Cirrenschleier, der in der Nacht von einem Halo um den Mond oder am Nachmittag um die Sonne verraten wird, kann auch während einer Schönwetterlage durchziehen – und ist dann harmlos. Erst wenn mehr Cirruswolken auftauchen, typischerweise vom Wind verbogene faserige, hohe Federwolken, und diese sich langsam verdichten, ist es ein sicheres Indiz für Schlechtwetter.

WAS MAN SIEHT

Ähnlich einem Regenbogen sind Halos farbig, nur weniger intensiv und diffuser. Der Rand des leuchtenden Kreises ist innen etwas schärfer begrenzt, mit einer matten rötlichen Färbung, die nach außen immer diffuser wird und am Außenrand manchmal in einen bläulich violetten Farbsaum übergeht.

ZWISCHEN DAUMEN UND ZEIGEFINGER

Wenn man sichergehen will, ob es sich tatsächlich um einen Halo handelt, braucht man nur die Hand Richtung Sonne oder Mond zu strecken. Berührt bei gestreckter Hand der Daumen quasi den Rand des Himmelgestirns und reicht der kleine Finger bis zum leuchtenden Ring, sind das ca. 20 Grad zwischen Daumen und kleinem Finger – und damit ein Halo!

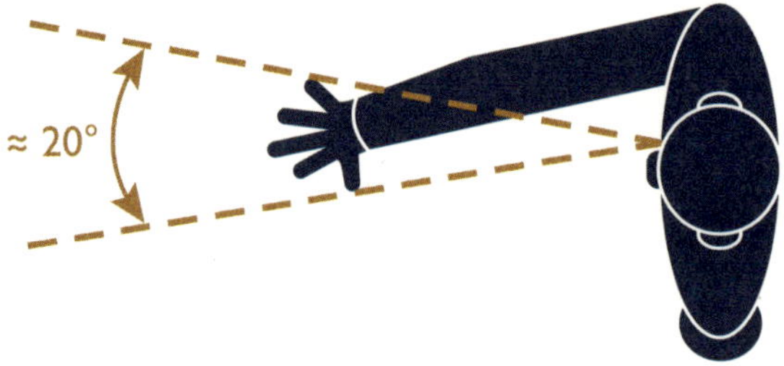

BRECHUNG AN EISKRISTALLEN

Halos entstehen im Gegensatz zum Regenbogen nicht an Wassertropfen, sondern an Eiskristallen. An den sechseckigen Eisnadeln oder Eisplättchen werden die Sonnenstrahlen bevorzugt in eine Richtung gebrochen – 22 Grad von der Sonne weg – das gebrochene Licht aus Hunderttausenden Eiskristallen formt dann einen farbigen Ring, den Halo. Das Wort Halo stammt aus dem Griechischen und bedeutet Kreis oder Rundung.

MOND MIT HOF – NAH AM WETTERUMSCHWUNG

Ein Mond mit Hof gilt als ältestes schriftlich festgehaltenes Wetterzeichen. Es wurde schon vor 2700 Jahren von den Assyrern in Keilschrift in weiche Tontafeln gedrückt und der Nachwelt hinterlassen.

WAS MAN SIEHT

Höfe, man nennt sie auch Korona, sehen aus wie eine „Lichtscheibe“ direkt um Sonne oder Mond. Innen ist der Hof meist blassgelb, weißlich – dieser Bereich wird auch als Aureola bezeichnet –, nach außen hin geht die Farbe der Korona in einen bräunlich roten Saum über. Der Durchmesser der Korona ist dabei wesentlich geringer als der eines Halorings und wird eigentlich kaum verwechselt. Am öftesten sieht man Höfe um den Mond, man kann sie aber auch um helle Sterne wie die Venus oder den Sirius sehen. Seltener sieht man einen Hof um die Sonne leuchten, da sie meistens selbst zu stark scheint und den Hof überstrahlt.

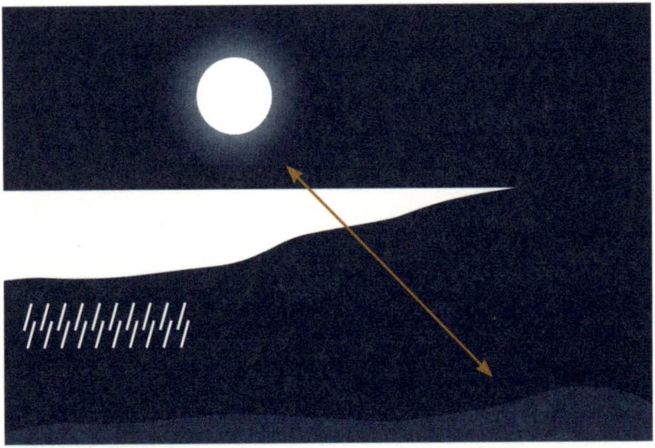

DAS TIEF IST NÄHER GEKOMMEN

Halos und Höfe hängen zusammen und gelten beide als Zeichen für nahendes Schlechtwetter. Es ist durchaus möglich, am Nachmittag einen Halo um die Sonne zu sehen und in der darauffolgenden Nacht einen Hof um den Mond – und zwar in dieser Reihenfolge: Ein Halo deutet auf einen Wetterumschwung in gut 24 Stunden hin, sieht man den Hof, ist das Tief schon viel näher gekommen. Bei einem Mond mit Hof in der Nacht wird der Bergsteiger hellhörig. „Fällt noch dazu bis zu den Morgenstunden der Luftdruck, ist von einer größeren Bergtour abzusehen", rät Herbert Raffalt.

ZUERST EIS, DANN WASSER

Nähert sich ein Tief, schickt es in großen Höhen Eiswolken voraus, Hunderte Kilometer vor der eigentlichen Warmfront am Boden.

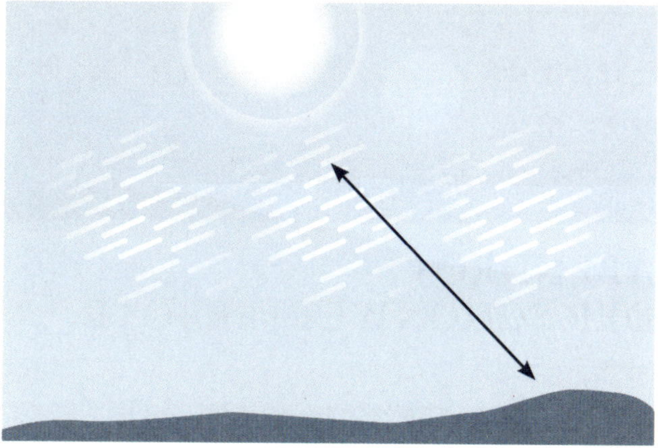

Hinter dieser ersten Staffel aus eisigen Cirren folgen immer dichtere Wolken mit immer tieferer Wolkenbasis. Aus den zerfransten Eiswolken werden zusehends kompaktere Wolken mit einem Mix aus Eis- und Wasserteilchen und schließlich regenschwere reine Wasserwolken. Halo und Hof machen dieses Heranrücken des Tiefs durch den Übergang von Eis zu Wasser sichtbar. Egal, ob bei Sonne oder Mond.

ZWEI UNGLEICHE BRÜDER

Halo und Hof können sich beide um Sonne und Mond bilden. Um sie zu sehen, muss man direkt in die Himmelsgestirne blicken. Trotzdem beruhen sie auf zwei unterschiedlichen Prinzipien: Halos entstehen durch Doppelbrechung an Eisteilchen, während Höfe durch Beugung des Lichts an den Wassertröpfchen der Wolken (zehntausendstel Millimeter klein) entstehen.

ABENDROT – DER SCHÖNWETTERBOTE

„Abendrot – Schönwetterbot", lautet der erste Teil einer alten Bauernregel, die zwar mit Vorsicht zu genießen ist, sich aber auf zwei Tatsachen stützt: Erstens färbt sich bei wolkenlosem Wetter der Himmel bei Sonnenuntergang rot. Zweitens kommt in unseren Breiten das schlechte Wetter meistens aus Westen.

ABENDROT

Für ein prächtiges Abendrot benötigt man einen wolkenlosen Himmel im Westen, dort, wo die Sonne untergeht. Da in unseren Breiten die Tiefdruckgebiete mit Wind, Wolken und Regen meistens von Westen her über unsere Köpfe ziehen, ist die jahrtausendealte Beobachtung sehr vernünftig und hat eine hohe Trefferquote, da offensichtlich gerade kein Tief heranzieht. Allerdings nur, wenn das Abendrot frei von anderen Verfärbungen ist: Jede „Verfälschung" des Abendrots ins Gelbe oder Weiße deutet auf bedenkliche Feuchtigkeit in der Ferne hin, sieht man im Westen gar Wolken, ist mit einer Wetterverschlechterung zu rechnen, obwohl der Abendhimmel rötlich verfärbt ist.

MORGENROT – DER SCHLECHTWETTERBOTE?

MORGENROT MIT REGEN DROHT

Der zweite Teil der alten Bauernregel lautet „Morgenrot mit Regen droht" und ist sehr vage und eigentlich zu vernachlässigen. Er bezieht sich auf die Tatsache, dass sonniges Wetter bei uns in den Alpen oft nicht lange anhält. Da kann ein Tag durchaus mit Sonne (Morgenrot) beginnen und mit Regen enden. Kann sein, muss aber nicht sein. Hier ist es besser, den Himmel weiter zu beobachten und andere Wetterzeichen zu suchen.

REGENBOGEN – DIE LAUNISCHE DIVA

Die Sonne im Rücken und ein Regenschauer in der Ferne – und mit ein bisschen Glück sieht man einen Regenbogen. So schnell wie er kommt, so schnell ist er aber wieder weg.

DIE UHR SAGT'S

Aber wann hat man den Regenbogen gesehen? Ein Regenbogen in der Früh ist ein schlechtes Zeichen: Die Sonne steht dann im Osten und die Regenschauer kommen aus Westen und damit ist nicht mit Wetterbesserung zu rechnen. Ein gutes Wetterzeichen ist ein Regenbogen am Nachmittag: Die Sonne steht im Westen und somit der Regenbogen mit den Regenschauern im Osten – Schauer im Osten ziehen meistens ab.

DAS RÄTSEL

Die Entstehung des Regenbogens hat Wissenschaftler lange beschäftigt. Descartes fand schließlich heraus, dass die Reflexion des Sonnenlichts in den Regentropfen den Lichtbogen erzeugt. Und Newton hat das Rätsel um die Farben gelöst: Das Sonnenlicht wird durch unterschiedliche Brechung im Regentropfen in die Farben des Regenbogens aufgefächert.

AM ENDE DES REGENBOGENS

Regenbogen haben die Fantasie der Menschen seit jeher angeregt. Sie gelten als Zeichen des Friedens, weil der Kriegsgott eine Pause macht und seinen Bogen offensichtlich an einer Wolke aufgehängt hat. Wer es schafft, einen Hut über den Regenbogen zu werfen, kann ihn mit Gold gefüllt wieder auffangen. Und klar, dort, wo der Bogen aufliegt, ist ein Schatz begraben.

BERG MIT HUT – DAS WETTER WIRD GUT

„Trägt der Dachstein einen Hut, wird das Wetter wieder gut. Trägt der Dachstein einen Sabel, wird das Wetter miserabel." Diese Wetterregel – hier in der Ausführung mit dem imposanten Gebirgsstock im Ennstal – gibt es von unzähligen Hausbergen in den Alpen. Hilfreich ist vor allem der erste Teil.

BERG MIT HUT

Um Bergen einen Wolkenhut zu verpassen, braucht es ganz ähnliche Zutaten wie bei Föhn: Eine Windströmung und einen Berg. Dort, wo die Strömung auf den Berg trifft, wird sie angehoben und Feuchtigkeit kondensiert zu einer Wolke aus. Hinter dem Berg geht die Strömung wieder runter und die Feuchtigkeit wird abgetrocknet. Beides zusammen vervollständigt den Wolkenhut, der sich wie eine Haube um die Bergkuppe schmiegt.

DAS WETTER WIRD GUT

Einen Wolkenhut trägt ein Berg somit nur bei einer „gutmütigen", stabilen Atmosphäre, die kein Regen oder Gewitter zulässt. Die „Hutwolke" kann nicht gefährlich in die Höhe wachsen, sondern wird linsenförmig geschliffen. Für Bergführer Herbert Raffalt deutet so ein Hut auf eine stabile Wetterlage hin, die über Tage anhalten kann. Sie bestimmt aber nur das lokale Wetter. Hinter dem Berg kann das Wetter ganz anders sein!

HAT ER EINEN SABEL

„Hat der Berg einen Sabel, wird das Wetter miserabel", der zweite Teil der Wetterregel ist dagegen kaum aussagekräftig. Zum Beispiel: Nebel am Hang – den man als Säbel interpretieren könnte – kann der Rest eines nächtlichen Hochnebels sein, der gerade von der Sonne verputzt wird – dann wird der Tag fantastisch und nicht miserabel.

GEWITTER – DIE GRÖSSTE GEFAHR

Die Prognosen der großen Wettercomputer versagen bei Gewittern regelmäßig. Das ist wie beim Kochtopf auf der Herdplatte: Das Wasser wird kochen und es werden Blasen aufsteigen – aber wo? Genauso wissen Wettercomputer: Gewittertürme werden am Nachmittag aufsteigen – aber wo? Draußen im Freien ist man auf sich allein gestellt und nur eines hilft: der Blick zum Himmel!

LEBENSGEFAHR

Gewitter sind lebensgefährlich. Wanderer auf Bergrücken oder Golfspieler auf ihrer Platzrunde werden immer wieder von Blitzen erschlagen. Menschen ertrinken beim Canyoning in reißenden Sturzbächen, Gewitterböen holen überraschte Paragleiter vom Himmel. Daher: Egal, wie sonnig und freundlich das Wetter ist, blicken Sie regelmäßig zum Himmel und stellen Sie sich die richtigen Fragen.

WACHSEN WOLKEN IN DIE HÖHE?

Auch Gewitter fangen klein an. Achten Sie auf kleine Wolkenfetzen im unteren Niveau bis etwa 2000 Meter. Gefährlich wird es, wenn aus diesen Wolkenfetzen größere, bauschige Wolken wachsen und sich zusehends auftürmen. Dann steigt warme, feuchte Luft ungehindert auf und gewinnt durch die Wolkenbildung noch mehr Energie und es geht noch schneller nach oben – im Extremfall bis zu 100 Meter pro Sekunde. So wächst ein Riese heran, die Cumulonimbus-Wolke, ein Gewitterturm, der bis zu 13.000 Meter in die Höhe reichen kann.

WÄRMEGEWITTER ODER FRONTENGEWITTER?

Herbert Raffalt kennt die Situation von unzähligen Touren: „Für uns Bergsteiger ist dann essenziell: Handelt es sich um ein Wärmegewitter oder ein Frontengewitter? Bei einem thermischen Wärmegewitter stelle ich mich unter und warte ab, bei einem Frontengewitter breche ich die Tour ab." Aus gutem Grund: Frontengewitter sind erst der Anfang einer nachhaltigeren Wetterverschlechterung, da sie eine Kaltfront mit Regen und Kälte im Schlepptau haben. Wärmegewitter sind etwas „harmloser". Sie sind kleinräumiger und nach dem Gewitter wird das Wetter oft wieder ruhig.

KOMMT DAS GEWITTER NÄHER?

Sieht man in der Ferne Blitze leuchten und kann bereits ein Donnergrollen vernehmen, gilt die 10-Sekunden-Regel: Vergehen zwischen Blitz und Donner nur mehr 10 Sekunden, ist das Gewitter gefährlich nahe (ca. 3 km) und man sollte dringend Deckung suchen. Ungeschützt auf freiem Feld sollte man sich klein machen: Dazu geht man mit geschlossenen Füßen in die Hocke bis auf die Unterschenkel, ohne das Gesäß aufzusetzen.

SCHÖNWETTER- UND SCHÄFCHENWOLKEN – ZUM GENIESSEN

Wenn man Gewittertürme mit ihren Orkanböen, Starkregen und Blitzschlägen als die gefährlichsten Wolken bezeichnet – dann sind Schönwetter- und Schäfchenwolken die wahrscheinlich harmlosesten Wolken. So harmlos, dass Kinder die Schäfchen am Himmel zählen, um einzuschlafen. Und sogar für Bergsteiger sind sie beruhigend. „Da kannst du ohne Bedenken losmarschieren", weiß Herbert Raffalt.

IN UNTERSCHIEDLICHEN STOCKWERKEN

Die beiden Wolkenarten sind in unterschiedlichen Niveaus zu Hause: Schäfchenwolken findet man im Atmosphärenstockwerk zwischen 2000 und 6000 Meter. Sie sind oft schuppenartig und ähneln tatsächlich manchmal einer Schafherde, die über den Himmel zieht. Schönwetterwolken zeigen sich ein Stockwerk tiefer bis maximal 2000 Meter über Grund. Sie bauschen sich oben weiß auf, als wollten sie weiter nach oben wachsen. An der Unterseite sind sie aber eher glatt und grau. Als Wetterzeichen sind Schönwetterwolken sehr aufschlussreich.

SIE WACHSEN NICHT

Jedes schwere Gewitter fängt als vermeintliche Schönwetterwolke an, schießt dann aber zum Wolkenturm hoch. Aber wann wachsen solche kleine Haufenwolken weiter und wann bleiben sie Schönwetterwolken? Wolken brauchen zwei Dinge, um nach oben zu wachsen: Feuchtigkeit und Auftrieb. Die Luft um die Wolke herum muss kalt sein, damit die Wolkenblase wie ein Ballon nach oben steigt, das ist der Auftrieb. Kondensiert dazu noch Wasserdampf zu Wolkentröpfchen, wird Wärme frei und die Wolkenblase beschleunigt nach oben, als hätte man den Gasbrenner in einem Heißluftballon aufgedreht, das ist der Effekt der Feuchtigkeit. Ist die Luft um die Wolke herum nun warm und trocken, kann die Schönwetterwolke nicht weiterwachsen – und es bleibt „schön".

BEI HOCHDRUCKWETTER

Beide Voraussetzungen – wenig Feuchtigkeit und wenig Auftrieb – findet man bei Hochdruckwetter. Die Luft im Hoch sinkt ab und ist dadurch trocken und warm. Wolken, die typischerweise ab Mittag entstehen, können also kaum weiterwachsen. Solche kleine Haufenwolken, die das bleiben, was sie sind, mit tiefer Wolkenbasis unter 2000 Meter, sind also gute Indikatoren für sonniges Hochdruckwetter und damit „Schönwetterwolken".

ZEIGEN THERMIK

Besonders wichtig sind Schönwetterwolken für Flugsportler. Wenn sie über einem Kar oder über einem Waldstück stehen, markieren sie den gesuchten Aufwindschlauch. Paragleiter und andere brauchen ihn, um sich im Aufwind in die Höhe zu schrauben.
Im Gebirge kann man so mithilfe der Schönwetterwolken – trotz großräumigem Hochdruckwetter, in dem die Luft sonst absinkt – einen Nachmittag in der Luft verbringen.

KONDENSSTREIFEN – DAS NEUE WETTERZEICHEN

Düsenflugzeuge sind eine überaus erfolgreiche Erfindung. Seit gut zwei Generationen stehen Tag für Tag ihre Kondensstreifen am Himmel. Wenn man sie einmal nicht sieht, liegt es nur daran, dass man im Regen oder im Nebel sitzt – aber sie sind trotzdem da. Unsere Möglichkeiten der „optischen Wettervorhersage“ haben sie um ein Instrument erweitert.

WETTERWECHSEL

Zum einen ist es mit den Kondensstreifen aus Düsenflugzeugen ähnlich wie mit hohen Eiswolken, den Cirren: Bleibt der Streifen am Himmel stehen und löst sich nicht auf, und ist der Wolkenstreifen zusätzlich in die Breite „geblasen“ worden, ist es in dieser Flughöhe offensichtlich feucht und windig. Ein Wetterumschwung kündigt sich an. „Für die aktuelle Bergtour gibt es kein Problem, aber in 24 Stunden kann das Wetter umschlagen“, ist die Erfahrung von Herbert Raffalt. Manchmal bemerkt man erst durch Kondensstreifen den milchig zarten Cirrus-Film, der vom Umschwung kündet.

ES BLEIBT STABIL

Wenn sich der Kondensstreifen erst gar nicht richtig bildet und, sobald der Jet weg ist, rasch auflöst, ist offensichtlich nicht genug Feuchtigkeit da. Normalerweise lagern sich an den Schmutzpartikeln der Turbinenabgase sofort Wasserpartikel an und formen den Kondensstreifen. Geschieht das nur mäßig, und der kurze Kondensstreifen hinter der Düse wird sofort wieder abgetrocknet, dann ist die Luft in Flughöhe sehr trocken – und von einem Wetterumschwung keine Rede.

FALLSTREIFEN – WENN WOLKEN VOM HIMMEL FALLEN

Taucht in der Ferne eine dunkle Wolke auf, die einen grauen Regenvorhang wie eine Schleppe mit sich zieht, ist die Sache simpel: Offensichtlich ist die Luft an diesem Tag „labil geschichtet", also bereit für Regen, und wenn sich die Regenschleppe dann noch nähert, ist es Zeit, einen Unterstand zu suchen.

REGEN, DER NIE ANKOMMT

Konträr ist die Sache, wenn der Regen nie am Boden ankommt. Man sieht zum Beispiel mittelhohe Wolken in etwa 5 Kilometer Höhe, an denen faserige Bärte hängen. Diese „Fallstreifen" sind Regentropfen, die aus der Wolke in derart trockene Luft fallen, dass sie noch während des Fallens verdunsten und sich damit in Luft auflösen. Oft kann man auch beobachten, wie die Wolke selbst ausdünnt und sich langsam auflöst – die Wolke ist buchstäblich vom Himmel gefallen.

WANDERUNG UNGEFÄHRDET

Der Wink, den uns diese Wolken mit ihren Fallstreifen geben, ist ein freundlicher: Die Luft ist sehr trocken. Es kann sich keine mächtige Wolke mit großen schweren Regentropfen bilden. Für Herbert Raffalt ist es eine „Einladung zum Fotografieren dieses schönen Schauspiels, das aber keine Konsequenz für die geplante Bergtour hat“. Man kann derartige Fallstreifen übrigens auch bei noch höheren Wolken beobachten, nur sind es dann Eiskristalle, die verdunsten. Das Wetterzeichen bleibt gleich: keine Gefahr, einfach nur genießen.

FÖHN – DAS WETTER HÄLT NOCH

Föhnfische sind eines der wichtigsten Wetterzeichen in den Alpen. Die linsenförmigen Wolken sind leicht zu erkennen und werden von starkem Föhn in diese Form geschliffen. Ihre Botschaft ist einfach: Solange sie am Himmel stehen, wird es meist nicht vor dem Abend regnen! – Allerdings muss man auf den Wind achten. Herbert Raffalt: „Bei Föhn plane ich keine Tour direkt am Alpenhauptkamm, dort ist es stürmisch und oft sehr kalt. Viel angenehmer ist es, weiter nördlich im Föhnschatten zu wandern, wo es wärmer ist."

FÖHNFENSTER VERSUS WOLKENSTAU

Föhn ist ein Wolkenfresser, aber sein Gegenpart hinter dem Berg ist ein Regenmacher. Man muss sich das so vorstellen: Trifft starker Wind auf ein Bergmassiv, wird er zuerst nach oben abgelenkt, es bilden sich Wolken und Regen. Hinter dem Berg dagegen weht der Wind den Hang hinunter und dabei wird er warm und trocken – das ist der Föhn. Das bedeutet, an der windzugewandten Luv-Seite eines Gebirges entstehen Wolken – die Meteorologen sprechen von einem „Wolkenstau" oder „Stauwetter". An der windabgewandten Lee-Seite trocknet der Föhn die Wolken ab und „frisst" eine Lücke in die Wolkendecke, das „Föhnfenster".

FÖHNZUSAMMENBRUCH

Eines darf man bei einer Wanderung unter Föhnhimmel allerdings nicht übersehen – den „Föhnzusammenbruch": die meist massive Wetterverschlechterung mit Regen und Kälte, sobald der

Föhnmauer am Tauernfenster zwischen Radstädter und
Schladminger Tauern bei Südföhn

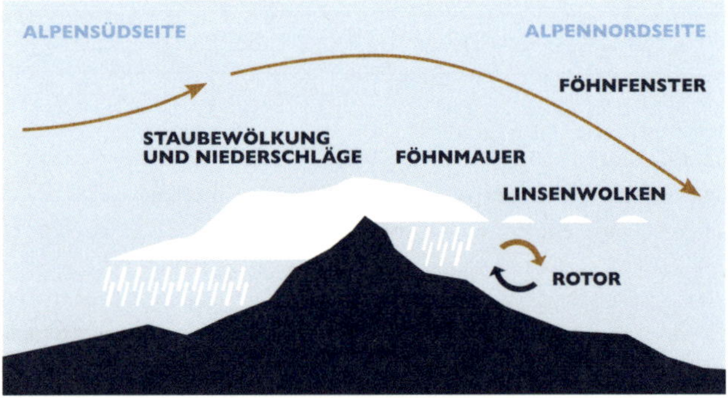

Föhn vorbei ist. Dieser Moment ist nicht leicht vorhersehbar. Oft hält der Föhn die Regenwolken noch lange in Schach und schleift sie linsenförmig. Wenn aber die Wolken zusehends dunkler und schwerer werden, bricht der Föhn vor allem gegen Abend zusammen und das Wetter kippt.

DER KALTLUFTSEE STÖRT

Föhn auf den Bergen ist leicht zu erkennen. Aber: Kommt er auch in die Niederungen? Und wann? Dazu muss man wissen, dass Föhn umso leichter in die Täler sinkt, desto wärmer es im Tal ist. Oft liegt aber in der Früh ein See aus kalter Luft im Tal, der es dem Föhn schwermacht. Jetzt gibt es zwei Möglichkeiten für den Föhn, den „Kaltluftsee" loszuwerden.

FÖHNDURCHBRUCH

Erstens, der Kaltluftsee verschwindet, weil die Sonne ihn erwärmt. In diesem Fall „bricht" der Föhn meistens am Nachmittag durch. Oder, zweitens, der Föhn drückt die kalte Luft mit Gewalt von oben weg. Da spürt man in der Föhnhochburg Innsbruck vor dem

Föhn einen kalten „vorföhnigen Wind“ aus westlicher Richtung. Sobald es schlagartig warm und trocken wird und der Wind von West auf Süd springt und böiger bläst – ist der Föhn „durchgebrochen“. Dieser Windsprung von vorföhnigem Wind auf Föhn ist überall anders. In nach Norden offenen Tälern wie zum Beispiel dem Rheintal weht der Wind vor Föhndurchbruch unangenehm kalt aus Nord, ehe er auf Süd springt und zum böigen Föhn wird.

DIE FÖHNMAUER

Manchmal ist bei Föhn auch sehr gut eine „Föhnmauer“ erkennbar: eine Wolke, die sich wie eine Haube über den Berggipfel wölbt. Sie ist der Rand der Staubewölkung von der anderen Seite des Berges und kündet vom Regenwetter hinter dem Berggipfel. Bei starkem Föhn spürt man in der Sonne manchmal vereinzelte Regentropfen im Gesicht, die der peitschende Wind von der Regenseite auf die Sonnenseite getragen hat. Bei uns meistens von Süden nach Norden, da der Föhn in den Alpen vorwiegend aus Süden bläst.

DER TYPISCHE WETTERABLAUF

Der in den Alpen typische Ablauf von Föhndurchbruch – Föhn – Föhnzusammenbruch hängt mit dem vorherrschenden Westwetter zusammen. Tiefdruckgebiete kommen normalerweise über den Atlantik von Westen auf die Alpen zu und überqueren diese. Solange der Kern des Schlechtwettertiefs westlich der Alpen ist, trifft der Wind aus Süden auf die Alpen und es weht Südföhn. Das Wetter im Süden ist dann schlecht, an der Alpennordseite ist aber noch das sonnige Föhnfenster geöffnet. Sobald der Tiefdruckkern aber über den Alpen zu liegen kommt, dreht die Strömung auf Nordwest, das Föhnfenster schließt sich und es wird auch im Norden feucht und kühl – der Föhn ist zusammengebrochen.

ALPENDOHLEN – OBEN ZU HAUSE

Wenn man Alpendohlen im Sommer unterhalb der Baumgrenze beobachtet, ist das kein gutes Zeichen. Alpendohlen sind eigentlich im Hochgebirge zu Hause.

ÜBER DER WALDGRENZE

Ihr Lebensraum befindet sich oberhalb der Waldgrenze, wo sie sich hauptsächlich von Wirbellosen und Früchten ernähren. Sie brüten in schwindelerregenden Höhen in Felsnischen wie kaum ein anderer Vogel. Ihre Brutgebiete reichen in den Alpen bis 3800 Meter, am Mount Everest wurden sie schon in 8200 Meter Höhe auf Nahrungssuche beobachtet.

NUR WENN ES KALT IST

Nur Kälte vertreibt die Bergdohlen von den Bergen: Normalerweise im Winter – und kurzzeitig im Sommer nach einem Wettersturz. Für Herbert Raffalt sind sie ein sicheres Wetterzeichen: „Wenn im Hochsommer ein Wintereinbruch in den Bergen erfolgt, fühlen sich selbst die Dohlen nicht mehr wohl und suchen tiefere Lagen auf. Das ist ein sicheres Indiz, dass den Bergsteiger in den Bergen Kälte und Schnee erwarten."

UNGEFÄHRDETE TIERE

Bergdohlen sind eine an den Menschen sehr anpassungsfähige Tierart. Sie kommen vom Atlasgebirge über die Alpen bis in den Himalaja vor. Ihr Bestand ist ungefährdet.

INVERSIONSWETTER – DIE NEBELMASCHINE

Die wahrscheinlich ungerechteste Wetterlage überhaupt ist ganz leicht zu erkennen: strahlend blauer Himmel auf den Bergen, zur gleichen Zeit über den Niederungen ein graues Nebelmeer – und das manchmal über Wochen. Die Inversionswetterlage.

ALLES VERKEHRT

Normalerweise ist es auf den Bergen kühler, in den Niederungen wärmer. Bei Inversionswetter ist der Temperaturverlauf invers, also umgekehrt: Das kann im Extremfall in den Niederungen Frost bedeuten und zur gleichen Zeit auf 1200 Meter +10 Grad. Wie rutscht man in so eine Wetterlage hinein?

VORSICHT, HOCHDRUCK

Luft, die sich im Herbst und Winter nicht bewegt und fast regungslos liegt, wird von Nacht zu Nacht kälter. Die schwache Sonne kann tagsüber kaum etwas ausrichten. Irgendwann ist die Luft so kalt, dass sich die ersten Frühnebel bilden, was den Vorgang noch verstärkt: Die wärmenden Sonnenstrahlen werden vom weißen Nebel reflektiert und die Sonne kann die kalte Luft kaum mehr wärmen. Die Kaltluft wird also von Tag zu Tag kälter und höher – so wird aus den Nebelfeldern ein Ozean aus Hochnebel. Stabiles windschwaches Hochdruckwetter im Herbst und Winter bringt also die Nebelmaschine auf Touren.

WIND HILFT

Das beste Mittel gegen Hochnebel ist Wind, der den nebeligen Kaltluftsee verbläst. Steht man auf den Bergen und sieht über dem Nebelmeer am Horizont faserige Cirruswolken aufziehen, ist das ein Zeichen für aufkommenden Wind. Nur muss man Geduld haben: Solange die Cirren der Warmfront aufziehen, wird es in der Höhe wärmer und damit die nebelbildende Inversion verstärkt, erst wenn sich die Front am Boden nähert, ist es um den Hochnebel geschehen. Sitzt man im Nebel unten im Tal, muss man auf den Wind achten: Taleinwind unterstützt den Hochnebel, Talauswind löst ihn auf.

DER TRICK DER SONNE

Im Winter ist die schwache Sonne gegen den weißen reflektierenden Nebel machtlos. Aber es gibt für die Sonne eine Möglichkeit, um an die kalte Nebelluft heranzukommen – die Hänge der Täler: Sie erwärmt einfach die Hänge über dem Hochnebel. Dabei entsteht warme Luft, die aufsteigt und die feuchte Nebelluft darunter mit nach oben saugt. Als Gegenbewegung sinkt über der Talmitte trockene Luft nach unten zum Talboden. So bildet sich ein Zirkulationsrad, das die trockene Luft oben mit der feuchten Luft unten vermischt und so die Nebelsuppe auftrocknet. Je enger die Täler, desto effektiver ist dieser Prozess.

Hochnebel am Fuße des Dachsteins
bei Sonnenuntergang

RAUREIF – WIE DAS WETTER WAR

Manche Zeichen sagen nicht, wie das Wetter wird, sondern wie es war – und gerade deswegen sind sie so interessant. Der Raureif ist ein solches Zeichen.

KALT UND WINDIG

Raureif entsteht, wenn die Wasserdampfmoleküle in der Luft direkt an einem Gegenstand festfrieren (und dabei die flüssige Wasserphase einfach überspringen). Das kann an Grashalmen, Ästen, oder auch an Gipfelkreuzen sein. Dazu braucht es Temperaturen unter -8 Grad, eine Luftfeuchtigkeit von über 90 Prozent und leichten Wind, der immer neue Wassermoleküle heranführt.

DAHER WEHT DER WIND

An der Richtung, in die der Raureif gewachsen ist, kann man also die Windrichtung herauslesen, nur muss man die Wuchsrichtung der Eiskristalle richtig interpretieren. Herbert Raffalt: „Am Gipfelkreuz kann man am Eisbehang erkennen, aus welcher Hauptrichtung das Wetter gekommen ist – nämlich gegen den Anraum.“

GEGEN DIE WINDRICHTUNG

Die nadelförmigen Eiskristalle des Raureifs wachsen gegen die Windrichtung, da sie ja vom Wind genährt werden. Wächst Raureif zu einem großen Anraum an, verrät er die Witterung der vergangenen Tage: Es war sehr kalt, mit einer bevorzugten Windrichtung. Hier werden Skitourengeher hellhörig: Kälte verändert die Stabilität der Schneedecke und Wind verursacht Triebschneeansammlungen.

TAU – EIN GUTER TAG

Der perfekte Tag für die Bienen beginnt mit Morgentau, der in der Sonne glitzert. Gleich in der Früh saugen die Wasserträgerinnen die Tauperlen von den Blättern und bringen das Wasser zur durstigen Brut, und etwas später starten die jüngeren Arbeitsbienen zu ihren kilometerweiten Pollen- und Nektarflügen.

EIN GUTER TAG

Auch für uns Menschen ist ein Tag mit Morgentau normalerweise ein guter Tag. Offensichtlich kündigt sich kein Wetterwechsel an, sonst hätte sich kein Tau gebildet. Tau braucht Kälte und Windstille. Nach einem warmen Nachmittag kann nur eine kalte Nacht den Wasserdampf in der Luft zu Tröpfchen auskondensieren lassen. Und kalt wird eine Nacht nur ohne Wolken, am besten wenn der Himmel sternenklar ist. Würde sich das Wetter rasch ändern, wären in der Nacht Wolken aufgezogen und hätten die Auskühlung verhindert. Das gilt auch für den Wind: Wenn Wind aufkommt, ändert sich das Wetter und es bildet sich kein Tau. Die Luft kann

bei Wind nicht kalt genug werden. Kaum hat die Luft über der Wiese nämlich etwas Wärme verloren und wird kühler, wird sie schon vom warmen Wind verblasen und ersetzt.

VOM TAU ZUM REIF

Morgentau im Herbst ist natürlich immer auch eine Vorwarnung für den ersten leichten Frost. Die Nächte sind meist schon unter 10 Grad kalt, wenn er sich bildet. Der Sprung zu einer Frostnacht sind dann nur wenige Grade. Dann allerdings schlägt sich nicht Tau, sondern Reif ab. Der Wasserdampf in der Luft kondensiert nicht mehr zu Tröpfchen, sondern die Wassermoleküle frieren gleich direkt an. Im Unterschied zum Raureif aber ganz gleichmäßig und nicht in eine bestimmte Richtung, da es windstill war.

RAUEIS

Bei oberflächlichem Hinsehen kann man Reif leicht mit Raueis verwechseln. Das Wetter dahinter ist aber völlig anders – nicht ruhig und sternenklar, sondern nebelig und windig: Bei starkem Wind und Temperaturen zwischen -2 und -10 Grad frieren Nebeltropfen an Ästen oder Freileitungen an. Ähnlich wie beim Raureif wächst also Raueis gegen den Wind, nur wachsen keine Eiskristalle, sondern bauschige Gefüge mit eingeschlossenen Luftbläschen. Lagert sich viel Raueis an, entsteht schwerer „Anraum“. Leitungen können unter seinem Gewicht zerreißen.

KIRCHENGLOCKEN – VOM WINDE VERWEHT

Wetter kann man auch hören. Am einfachsten bei einem Gewitter. Es kann sich auch um eine harmlose Lärmquelle handeln, die viel über das Wetter verrät, ein Kirchturm zum Beispiel oder eine Straße.

VOM WINDE VERWEHT

Schall wird vom Wind vertragen. Eine Straße, die ein paar Kilometer entfernt ist, wird man je nach Wind besser hören oder schlechter. Weht der Wind zur Straße, dann hört man sie leiser, kommt der Wind von der Straße, lauter. Nun gibt es zwei Möglichkeiten: Liegt die Straße in der Richtung, von der sich normalerweise das schlechte Wetter nähert, wird man den Straßenlärm bei drohendem Wetterumschwung lauter hören, liegt die Straße abgewandt von der Schlechtwetterrichtung, hingegen leiser.

ERFAHRUNG ZÄHLT

An dem Punkt kann nur die Beobachtung helfen. Es gibt genug Ortschaften, wo man genau weiß: Hört man die Glocken der einen Kapelle, ist alles in Ordnung, hört man aber die Glocken von der Kirche auf der anderen Seite, kommt schlechtes Wetter.

IM WINTER LAUTER

Schall breitet sich auch bei Inversionswetter – kalte Luft unten, warme Luft oben – besser aus. Deswegen ist Straßenlärm an einem kalten, nebeligen Wintermorgen mitten im Kaltluftsee besser zu hören als am Nachmittag, wenn die Sonne scheint.

IM NEBEL – WIE ER SICH LICHTET

An einem nebelverhangenen Herbst- oder Wintermorgen stellt sich nur eine Frage: Wird sich der Nebel lichten? Wenn man ein paar Wetterzeichen beachtet, kann man es oft vorhersagen.

NEBEL ODER HOCHNEBEL

Zuerst muss man abschätzen: Sitzt man im Bodennebel (Sichtweite unter 2 Kilometer) oder im Hochnebel (Sichtweite oft über 2 Kilometer, aber grauer Himmel). Bei Bodennebel ist die kalte, nebelige Luftschicht nicht hoch und die Sonne kann den Nebel leichter verdampfen – dann folgt Sonne auf Nebel, typisch für den Herbstbeginn. Sitzt man im Hochnebel, ist die Sicht etwas besser, aber über den Köpfen ist es grau, da die Kaltluftschicht mächtiger ist, oft über 1000 Meter. Im Flachland hat es da die Sonne schwer: Solange kein Wind aufkommt, bleibt es meistens trüb.

DIE SONNENSTRASSE

Hoffnung auf Hochnebelauflösung darf man sich dagegen öfter in einem Tal machen – die ersten Anzeichen dafür zeigen sich in der Mitte des Tales: Zuerst wird der Hochnebel entlang der Talmitte immer dünner und lichter, bis sich schließlich eine Sonnenstraße öffnet, die immer breiter wird. Ganz am Schluss löst sich dann der Nebel an der Sonnenseite des Tales auf. Ab und zu ist aber der Tag zu kurz und an der Sonnenseite bleibt bis zum Abend ein Hochnebelband liegen – der Rest der morgendlichen Hochnebeldecke. Herbert Raffalt: „Im Herbst kann es passieren, dass man an einer Südwand – trotz ansonsten klarem Schönwetter – den ganzen Tag im Nebel klettert."

SCHORNSTEINE – ZEUS' ZEIGEFINGER

Wer einen Schornstein in Sichtweite hat, braucht keinen Wetterbericht mehr. Vor 200 Jahren standen rauchende Schornsteine für Wohlstand und Fortschritt, 100 Jahre später für verpestete Luft – seit den 1980ern sind sie aber sauber geworden und es ist an der Zeit, sie als Zeigefinger des Wettergottes wahrzunehmen.

DAHER WEHT DER WIND

Klar, den Wind sieht man an Schornsteinen auf den ersten Blick: Neigt sich die Rauchfahne, zeigt sie uns wie ein Windsack die Windrichtung an. Das ist schon sehr hilfreich, bei sich zu Hause weiß man ja, wo normalerweise das schlechte Wetter herkommt. Steigt die Rauchfahne dagegen gerade auf, ist es offensichtlich windstill. Aber Wind hin oder her, was erwartet uns jetzt: schönes oder schlechtes Wetter? Nun lohnt es sich, genauer hinzusehen.

SCHÖNWETTER

Wird der Rauch rasch unsichtbar, wenn er den Schornstein verlässt? Dann ist die Luft trocken und der Tag bleibt sonnig, da sich ohne Wasserdampf keine Wolken bilden können. Wird der aufsteigende Rauch immer weißer und bauscht sich auf, könnte es Regenschauer geben.

GEWITTER

Besonders interessant für Sommernachmittage: Schlägt die Rauchfahne eine Welle, die immer breiter wird und vielleicht sogar den Boden berührt? Dann ist Vorsicht geboten. Die Luft ist labil geschichtet und es können sich Regenschauer, vielleicht auch Gewitter bilden.

HOCHNEBEL UND NEBEL

Die klarsten Fingerzeige kriegen wir von Schornsteinen im Winter. Breitet sich die Abgasfahne waagrecht aus und ist nach oben scharf begrenzt, sitzen wir am Boden mitten in einem „See" aus kalter Luft – der höher als der Schornstein ist. Ein derart mächtiger Kaltluftsee ist oft von grauem Hochnebel bedeckt, der sich im Winter nur ganz schwer auflöst. Außer der See ist flach, die Rauchfahne breitet sich am unteren Rand waagrecht aus, steigt aber am oberen

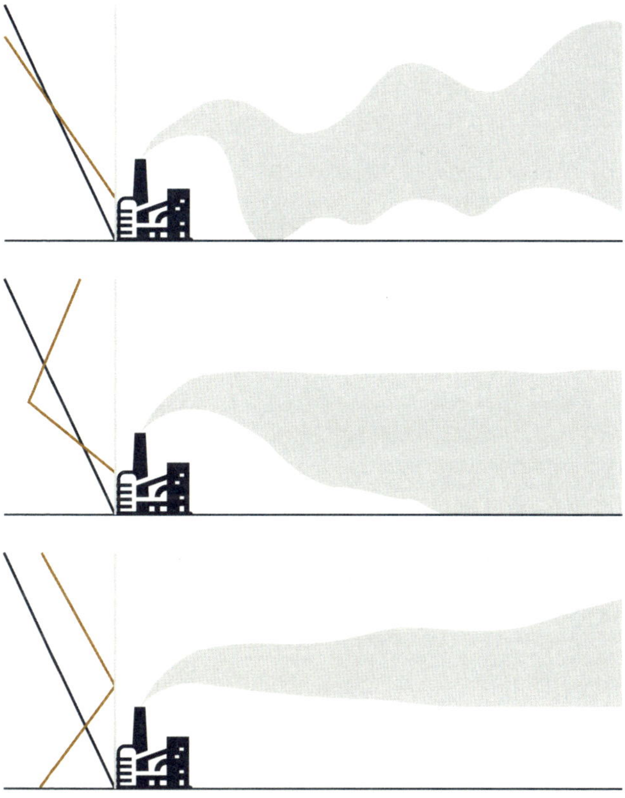

Rand nach oben – dann reicht der Schornstein über den Kaltluftsee hinaus und die Sonne tut sich leicht, die kalte Luft zu erwärmen. Ein typischer Tag im Altweibersommer, der mit kaltem Nebel startet und in einen sonnigen, warmen Nachmittag übergeht.

ÜBER DEN AUTOR

Andreas Jäger, 1965 in Hohenems geboren, studierte Meteorologie und Geophysik an der Universität Innsbruck. Seit 1994 ist er im Radio und Fernsehen tätig. Der gebürtige Vorarlberger hat eine Vielzahl an Wettersendungen und Dokumentationen gestaltet und moderiert, unter anderem für den ORF und für *Servus TV*, außerdem schreibt er Wetter- und Kinderbücher. Er lebt mit seiner Familie in Eichgraben im Wienerwald.

MIX
Papier aus verantwortungsvollen Quellen
FSC® C012536
FSC www.fsc.org

 · Gesetzt aus der Minion Pro und der Gill Sans. · Medieninhaber, Verleger und Herausgeber: Red Bull Media House GmbH, Oberst-Lepperdinger-Straße 11–15, 5071 Wals bei Salzburg, Österreich · Satz: Frank Behrendt · Fotos: Herbert Raffalt, außer S. 12 123rf.com/Noel Tan; S. 15 123rf.com/shsphotography

Printed in Europe
ISBN 978-3-7104-0167-1